Crinkleroot's

森林爷爷
自然课

野外徒步指南

[美] 吉姆·阿诺斯基 著/绘

洪宇 译

人民东方出版传媒
People's Oriental Publishing & Media

东方出版社
The Oriental Press

作者序

　　亲爱的中国小读者们，在这套书里，我想向你们介绍一位老朋友——"森林爷爷"克林克洛特。很多年前，我在大森林深处一间小木屋里生活时，创作了这个人物，希望他成为自然探索向导，引领全世界热爱大自然的孩子们去不断探索。

　　不管哪个季节，森林爷爷总是精力充沛、精神焕发。他能找到藏在树叶间的秘密，他能读出写在雪地上的故事。而他最开心的，就是跟你们分享这些秘密和故事。

吉姆·阿诺斯基

献给史黛西、贾斯丁和马克

你好，我是森林爷爷克林克洛特。当我在这个晴朗夏日的清晨醒来时，我的脚痒得要命。我要去徒步。你也一起来吧！

我们将穿越荒野。你需要穿上长裤，这样，野草和灌木就不会划伤你的腿了。

5

在我的小屋附近，有一片高高
的草丛，小鸟在里面筑了巢。看!
一只歌带鹀（wú）正在孵蛋。咱
们蹑手蹑脚地退后吧，免得打扰
到它。

你可以用树枝把落在衣服上的蜱虫拨开。

如果离家长途远足，我会随身携带镊子，用来清除皮肤上的蜱虫。

　　这是什么？一只蜱虫正在我的裤子上爬！我刚才一定是碰到了有蜱虫的草叶。

　　当你在杂草丛生的地方徒步时，要经常停下来检查一下，衣服上有没有蜱虫。当然，很可能没有。但是，如果你碰巧发现了，一定要在它爬上你的皮肤之前弄掉。因为，它会叮咬你，吸你的血，甚至把病毒传播给你！

关于蜱虫

- 蜱虫有八条腿，大部分有扁平壳质化盾板。
- 蜱虫附着在植物上，当寄主经过时，它们会伸出前腿抓住对方。
- 老鼠、鹿、牛和家养宠物是常见的蜱虫寄主。
- 蜱虫主要生活在树林、田野、草坪、花坛和花园里。

- 高草丛中的蜱虫最多。
- 蜱虫能携带并传播病毒。
- 蜱虫不会飞，也不会跳。只有当你跟它擦身而过时，它才能落到你身上。

各种放大的蜱虫

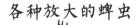

狗蜱

美国森林蜱

鹿蜱

携带可导致莱姆病病原体的鹿蜱还没有大头针的针头大。

预防蜱虫的措施

戴帽子，穿长裤。

穿过高草丛时，记得把裤脚塞进袜子里。

你的宠物可以把身上的蜱虫传播给你。一定要用防虫项圈保护好你的宠物。

在清理过或修剪过的路上行走。

徒步后，请别人帮忙检查自己的头发上有没有蜱虫。你还要自己检查身体，尤其是腋窝和腹股沟。

- 有关蜱虫和莱姆病的更多信息，请参阅本书第32页。

9

小溪旁有一条美丽的小路。

听！那潺潺的流水声多么悦耳。它让我想起朋友间的谈笑风
生和孩子们的欢声笑语。

小溪边生长着一些让人心旷神怡的蕨类植物，那气味就像刚刚割下来的青草的味道，有着一种芳香。

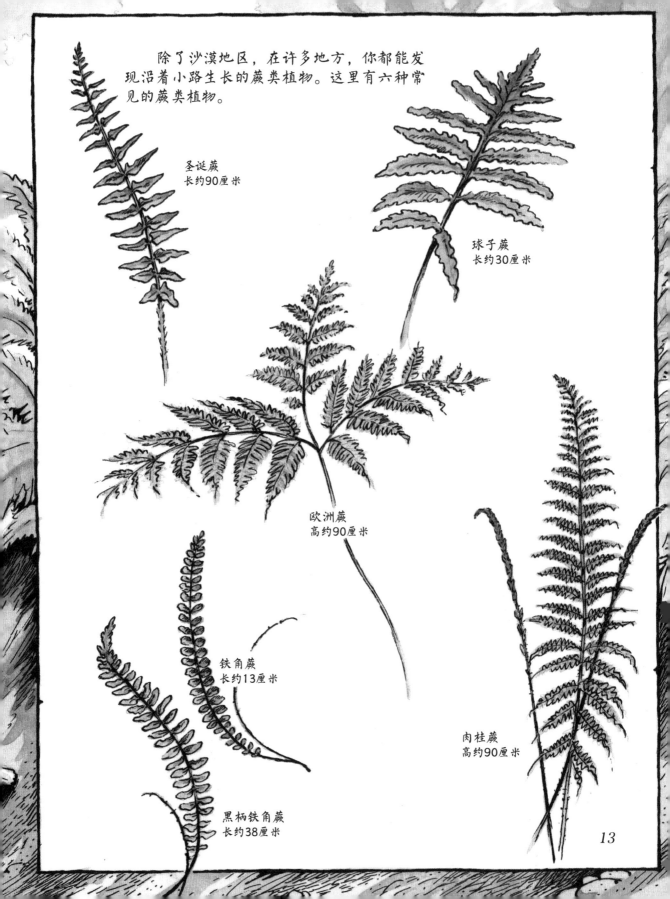

除了沙漠地区，在许多地方，你都能发
现沿着小路生长的蕨类植物。这里有六种常
见的蕨类植物。

圣诞蕨
长约90厘米

球子蕨
长约30厘米

欧洲蕨
高约90厘米

铁角蕨
长约13厘米

肉桂蕨
高约90厘米

黑柄铁角蕨
长约38厘米

13

咱们沿着小溪继续前进吧！小溪每转一个弯，都能呈现出一片新景色。在这里，树荫遮蔽着小溪，空气凉爽而湿润。

我们踏着落叶和松针前行。看，小路的很多地方长满了厚厚的翠绿色的苔藓，溪流中裸露的巨石上也覆盖着苔藓。

我从不蹚浑浊或有油污的溪流。因为这样的溪流可能被污染了，或者有碎玻璃、破铜烂铁等乱七八糟的东西。这条小溪清澈透亮，我忍不住要跳进去玩耍一番！

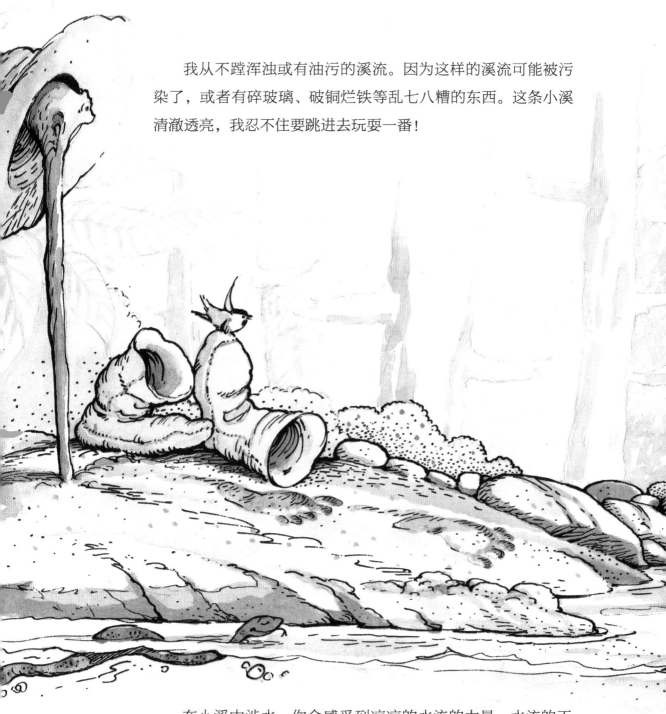

在小溪中涉水，你会感受到凉凉的水流的力量。水流的不断冲刷，磨平了小溪中的石头，使它们像鹅蛋一样圆滑，所以才被称作鹅卵石哟！

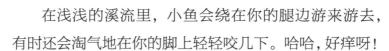

在浅浅的溪流里，小鱼会绕在你的腿边游来游去，
有时还会淘气地在你的脚上轻轻咬几下。哈哈，好痒呀！

17

像野生动物那样赤脚行走，是一种真正感受大自然的方式。

我们可以像浣熊一样脚踏实地地行走，在潮湿的沙地上留下清晰完整的脚印。

或者像鹿一样踮着脚尖行走，只留下脚趾印。

当我光着脚走路的时候，经常会发现各种各样
奇妙的东西，因为我在走每一步之前都会仔细观察
地面。瞧，我发现了一根冠蓝鸦羽毛！

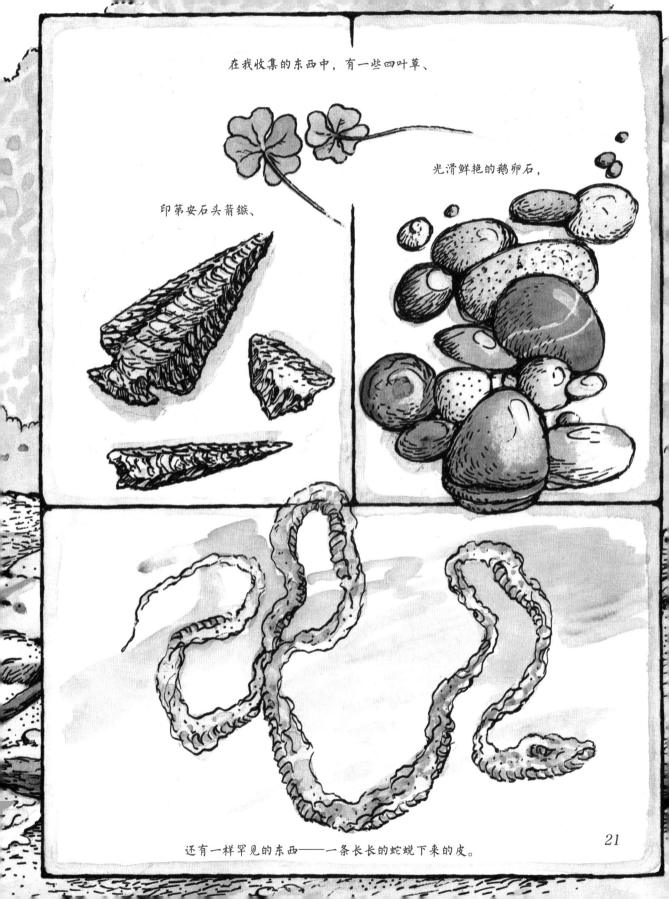

在我收集的东西中，有一些四叶草、

光滑鲜艳的鹅卵石，

印第安石头箭镞、

还有一样罕见的东西——一条长长的蛇蜕下来的皮。

我们要离开溪谷了，现在最好穿好鞋。

嗡嗡嗡……有只胡蜂在我身边飞来飞去。也许，它认为

穿黄衬衫的我是一朵盛开的大蒲公英呢！

大黄蜂

黄蜂

蜜蜂

小黄蜂

 如果一只黄蜂或蜜蜂飞近你，不要乱跑或胡乱挥动手臂，这样你可能会被蜇伤。
相反，切记保持冷静，等它自己飞走。
如果它碰巧落到你身上，轻轻地把它抚掉，然后走开。

 如果你看到一只黄蜂或蜜蜂消失在灌木或树木的枝叶后面，

或者

飞进树洞，或者落在地上爬进一个洞里。
千万别靠近那个地方！

你可能会无意中入侵了它们的领地，从而激怒它们。

 即便是我，也会非常小心谨慎。虽然我在森林里出生，靠吃蜂蜜长大！

有关昆虫叮咬的更多信息，请参阅本书第32页。

23

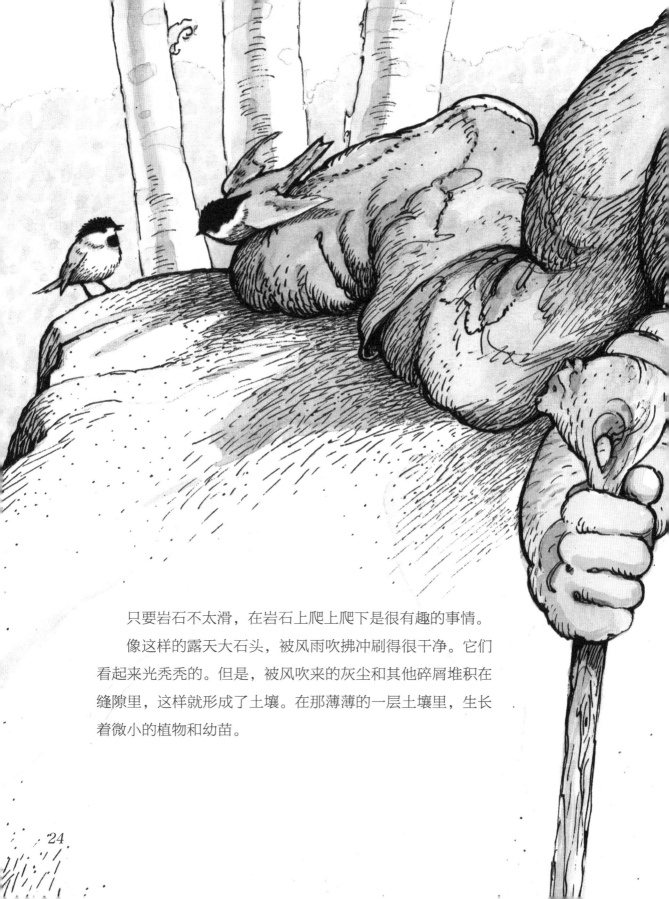

只要岩石不太滑，在岩石上爬上爬下是很有趣的事情。
像这样的露天大石头，被风雨吹拂冲刷得很干净。它们
看起来光秃秃的。但是，被风吹来的灰尘和其他碎屑堆积在
缝隙里，这样就形成了土壤。在那薄薄的一层土壤里，生长
着微小的植物和幼苗。

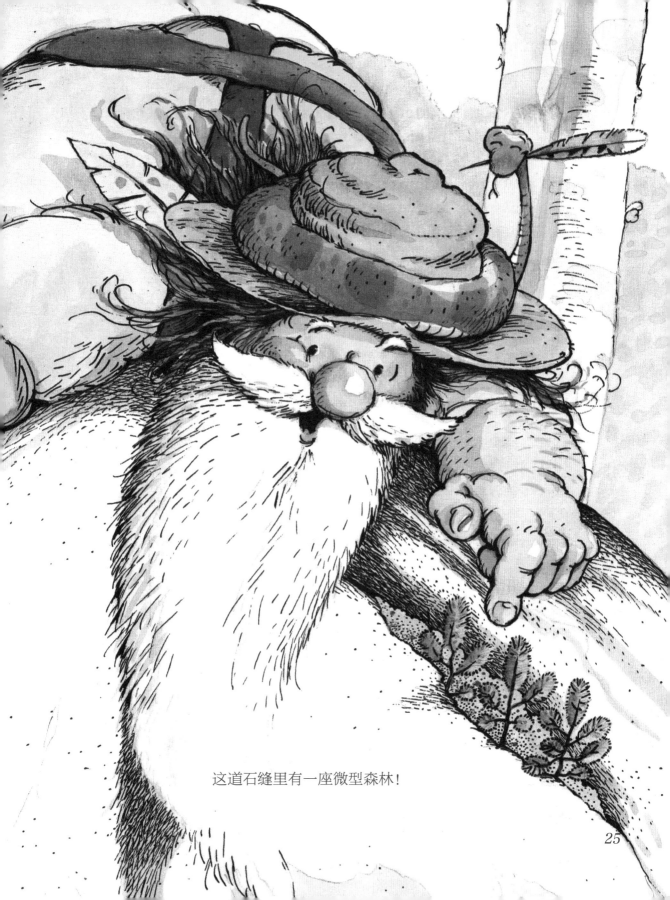

这道石缝里有一座微型森林！

　　在树林的边缘，植物常常纠结缠绕在一起，形成浓密的灌木丛。你必须找到一个缝隙，才能穿行。

　　小心，退后！这里有一片毒藤。它们通常沿着森林或溪流的边缘生长，在路边或老旧建筑周围也能见到它们的身影。

妻常春藤、妻栎和妻漆树上都有漆酚油，如果蹭到你的
皮肤上，会引起瘙痒或引发严重的皮疹。

妻常春藤和妻栎在秋天
会变红。

妻常春藤

妻常春藤和
妻栎都有光滑的叶子，
三片一簇生长。

妻栎的叶子更加
椭圆一些。

所以，为了安全起见，记住那句老话——
三叶一梗，千万别碰！

无毒的漆树叶子是有齿的，
妻漆树的叶子没有齿。

妻漆树

如果你发现野生蘑菇，看
看就好，千万不要碰！有
些妻蘑菇是致命的，无意
中碰触一下可能会使有毒
物质沾到手上，甚至蹭到
嘴里。

秋天，漆树和妻漆树的
叶子都会变成红色。

有关有毒植物的更多信息，
请参阅本书第33页。

27

森林里有各种动物小径，比如老鼠小径、兔子小径和鹿小径。

所有这些小径都是由动物们日复一日地在同一条路
线上行走踩出来的。

我自己也踩出了一条小径，它直接通向我的那间小
木屋。

29

这一整天，咱们都在野外跋山涉水，可真够累的！我要好好用热水泡个脚，再换上柔软的厚袜子。然后，把脚搭在矮凳上，靠着沙发背，活动活动脚趾。

你呢？你打算怎么放松一下？

有关野外徒步的更多知识

关于蜱虫

  如果在身上发现蜱虫，一定不要草率处理，生拉硬拽、按扁、用火烫等方法都不安全。因为蜱虫的"嘴巴"有倒刺，如果断在皮肤里，容易导致发炎甚至感染。可以用镊子夹住蜱虫的头部，向上拔出，然后用碘伏给伤口消毒。如果蜱虫钻进皮肤很深，一定要请医生处理。

  蜱虫本身没有病，但它可以携带并传播疾病，如出血热、莱姆病和落基山斑疹热等。所以，如果被蜱虫叮咬后出现了头疼、高热、肌肉酸痛或皮疹等症状，一定要及时去医院就医，并向医生指明被叮咬的位置。

关于蜇伤

  蜜蜂蜇人后会失去自己的刺，所以只能蜇一次人，但黄蜂可以反复蜇人。不要使用镊子，而要用指甲或其他东西把毒刺刮掉。如果被蜇后出现重度过敏反应，比如严重肿胀或皮疹，特别是出现在远离蜇伤的身体部位，如眼睛、口腔等处，应立即去医院。如果你的过敏反应不严重，可以用肥皂和水清洗伤口，然后在伤口上敷上冰块，这样可以减轻肿胀。

关于有毒植物

不小心碰到有毒植物后，不要抓挠皮肤。回家后马上对可能也碰过有毒植物的衣服进行清洗。然后，用温热的肥皂水轻轻地清洗皮肤，再轻柔地擦拭干净。

关于野生动物

大多数蛇都是无毒的。一旦它们感觉到你的脚步声，就会迅速躲开。如果你不确定一条蛇到底有没有毒，那就尽量离它远一点儿。蛇能向前蹿出身体长度三分之一那么远的距离。

千万不要把野生动物逼入死胡同。如果它逃不掉，就会反扑。千万不要抚摸野生动物，即使它看起来并不怕你。你可能会被咬一口，而它可能携带病原体，这是非常危险的。

最后，还是要提醒你，安全第一。因为只有保证安全，才能享受到翻山越岭、跋山涉水带来的乐趣。

你的朋友
克林克洛特

图书在版编目（CIP）数据

森林爷爷自然课.野外徒步指南 /（美）吉姆·阿诺斯基著绘；洪宇译
.— 北京： 东方出版社，2021.11
ISBN 978-7-5207-2093-9

Ⅰ.①森… Ⅱ.①吉… ②洪… Ⅲ.①自然科学－儿童读物②森林旅游－儿童读物
Ⅳ.① N49 ② S788.2-49

中国版本图书馆 CIP 数据核字（2021）第 043065 号

森林爷爷自然课（全 12 册）
（SENLIN YEYE ZIRAN KE）

著　　绘：[美]吉姆·阿诺斯基
译　　者：洪　宇
策 划 人：张　旭
责任编辑：丁胜杰
产品经理：丁胜杰
出　　版：东方出版社
发　　行：人民东方出版传媒有限公司
地　　址：北京市西城区北三环中路 6 号
邮　　编：100120
印　　刷：鸿博昊天科技有限公司
版　　次：2021 年 11 月第 1 版
印　　次：2021 年 11 月第 1 次印刷
印　　数：1—10000 册
开　　本：650 毫米 ×1000 毫米　1/12
印　　张：44
字　　数：420 千字
书　　号：ISBN 978-7-5207-2093-9
定　　价：238.00 元
发行电话：（010）85924663　85924644　85924641